Benny Alze, Volker Bückmann, Mareike Kischke, Sarah Frieling, Daniela Thol

Laufkäfer und Nachtfalter

GRIN Verlag

Bibliografische Information der Deutschen Nationalbibliothek:

Die Deutsche Bibliothek verzeichnet diese Publikation in der Deutschen Nationalbibliografie; detaillierte bibliografische Daten sind im Internet über http://dnb.d-nb.de/ abrufbar.

Impressum:

Druck und Bindung: Books on Demand GmbH, Norderstedt Germany
ISBN: 978-3-638-75377-7

Dieses Buch bei GRIN:

http://www.grin.com/de/e-book/66034/laufkaefer-und-nachtfalter

Universität Duisburg-Essen. Standort Essen
Großpraktikum: Tierökologie

Gruppe III: Benny Alze u.a

Großpraktikum Tierökologie SS 2004

Nachtfalter und Laufkäfer

Inhaltsverzeichnis

I. Laufkäfer..3

1. Systematische Einordnung..2
2. Allgemeine Informationen..3
3. Informationen zum Fang der Käfer..3

3.1 Fangmethode..3

3.2 Beschreibung der Fangstellen..4

3.3 Fangergebnisse der Käfer...5

4. Diskussion..7

4.1 Diskussion zum Vorkommen der gefangenen Käfer....................7

4.2 Diskussion zum Jahresvergleich der gefangenen Käfer...............9

II. Nachtfalter...11

1. Systematische Einordnung...11
2. Allgemeine Informationen...11
3. Informationen zum Fang der Nachtfalter.....................................12

3.1 Fangmethode...12

3.2 Beschreibung der Fangstellen...12

3.3 Erläuterungen zu den gefangenen Faltern..................................13

3.4 Fangergebnisse der Nachtfalter..16

4. Diskussion...18

4.1 Ergebnisdiskussion der gefangenen Nachtfalter..........................18

4.2 Diskussion zum Jahresvergleich der gefangenen Nachtfalter.....19

Literaturverzeichnis..20

I. Laufkäfer

1. Systematische Einordnung

Ordnung: Coleoptera (Käfer)

Familie: Carabidae (Laufkäfer)

2. Allgemeine Informationen

Laufkäfer bilden eine epigäische Lebensgemeinschaft, d.h. sie laufen und fressen auf dem Boden. Ihre fußläufige Reichweite liegt zwischen einigen Metern und einigen hundert Metern, auf Sand- und Lehmsandböden, Feldern, Feld- und Waldwegen, Heiden, Steppen, an der Küste, von der Tiefebene bis ins Gebirge.

Die schlanken, mittelgroßen Käfer sind überwiegend bunt: metallischgrün, bronzebraun oder bronzegrün bis schwarz, mit weißer oder gelblicher Zeichnung auf den Flügeldecken.

Sie ernähren sich räuberisch von Insektenlarven, Spinnen, Milben u.ä., selten von Aas.

Die Larven der Laufkäfer sind weichhäutig, sie sind daher sehr anspruchsvoll und stellen strenge Feuchtigkeitsansprüche. Die Lebensdauer der Imagines kann viele Wochen betragen.

3. Informationen zum Fang der Käfer

3.1 Fangmethode

Die Tiere werden in sogenannten Barberfallen gefangen, wobei Joghurtbecher, die zu etwa einem Drittel mit einer gesättigten Salzlösung gefüllt sind, verwendet werden. Zur Aufhebung der Oberflächenspannung wird dieser Lösung etwas Spülmittel zugesetzt. Die Käfer fallen nach dem Zufallsprinzip in dieses letal wirkende, hypertonische Medium.

Die Becherfallen werden bis zum Rand im Erdboden versenkt, wobei sie möglichst dicht von Humus eingefasst sein sollten, damit die Käfer nicht in einen Spalt zwischen Erde und Becher fallen können.

Insgesamt wurden an sechs verschiedenen Standorten Fallen aufgestellt, die in der Zeit vom 30.4. bis zum 18.6. wöchentlich geleert und erneuert wurden.

3.2 Beschreibung der Fangstellen

Feldgehölz:

Der vollschattige Bereich Feldgehölz befand sich in einem am Acker grenzenden Gehölzbereich in leichter Hanglage. Dieser Bereich besteht aus Bäumen, Sträuchern und einer geringen Krautschicht.

Wiese feucht:

Diese Wiese ist licht, aber hoch und dicht mit einer Graskrautschicht bewachsen. Der Boden ist sehr feucht und sumpfig.

Wiese trocken:

Die lichte, aber hoch und dicht bewachsene trockene Wiese weist einen hohen Graskrautbestand ohne Bäume auf. Sie ist trockener als Wiese feucht und ist in Bodennähe eher dunkel.

Erlenbruchwald:

Der vollschattige Erlenbruchwald ist ein durch einen Bach beeinflusstes Gelände mit einem durchweichten Boden. Der ebene Boden ist mit einer dichten Krautschicht bedeckt.

Wald:

Diese an einem Hang zu findende Falle liegt in einem lichten bis halbschattigen Buchenwald mit überwiegend altem Buchenbestand. Der Boden ist mit Laub bedeckt.

Bach:

Dieser Fallenstandort liegt direkt im Uferbereich einer mittelstarken Strömung. Der halbschattige bis lichte Standort wird von Bäumen beschattet.

3.3 Fangergebnisse der Käfer

Art	Feldgehölz	Wiese feucht	Wiese trocken	Erlen-bruchwald	Wald	Bach	Summe
Abax parallelepipedus	2			2			4
Agonum afrum		27		17			44
Agonum mülleri				2			2
Agonum viduum				16			16
Amara aenea			2				2
Amara communis				1			1
Amara plebeja		2	2				4
Anisodactylus binotatus			1				1
Asaphidion flavipes	4						4
Asaphidion curtum				3	5		8
Bembidion articulatum						40	40
Bembidion lampros					9		9
Bembidion mannerheimii			1				1
Bembidion properans						1	1
Bembidion tetracolum			1	8		17	26
Carabus granulatus		4					4
Carabus monilis			2				2
Carabus nemoralis	2		1				3
Cicindela campestris					8		8
Cychrus caraboides	1						1
Elaphrus cupreus		2		73		2	77
Europhilus fuligonosum		1					1
Loricera pillicornis				3		1	4
Nebria brevicollis				2	1	2	5
Nebria salina	1						1
Notiophilus biguttatus	17			1	9	3	30
Oodes helipioides		2	2				4
Paranchus albipes				1		9	10
Patrobus atrorufus				2		1	3
Platynus assimilis				34		7	41
Poecilus versicolor			2				2
Pterostichus cristatus						1	1
Pterostichus diligens		1					1
Pterostichus minor		8					8
Pterostichus nigrita/raethicus	1	42		60		6	109
Pterostichus strenuus		2					2
Pterostichus vernalis	1		1				2
Stomis pumicatus	1						1
Summe	29	91	15	225	32	90	482
Arten	9	10	10	15	5	12	38
%Verteilung der Individuen	6,02	18,88	3,11	46,68	6,64	18,7	100

Insgesamt wurden 482 Individuen aus 38 Arten gefangen. Zu den am häufigsten gefangenen Arten wurde die Arten gezählt, deren gefangene Individuenanzahl mindesten 5% des gesamten Fanges ausmachten. Die häufigsten Arten waren:

Agonum afrum	44 Individuen	9,13%
Bembidion articulatum	40 Individuen	8,3%
Bembidion tetracolum	26 Individuen	5,4%
Elaphrus cupreus	77 Individuen	15,98%
Notiophilus biguttatus	30 Individuen	6,22%
Platynus assimilis	41 Individuen	8,51%
Pterostichus nigrita/raethicus	109 Individuen	22,61%

In den feuchten Gebieten : Erlebruchwald, Wiese feucht und Bach wurden die meisten Individuen gefangen. Das Vorkommen dieser Käfer ist typisch für die entsprechenden Biotope.

Große Artenvielfalt bei geringer Individuenanzahl zeigte sich am Fangort : Wiese trocken (10 Arten bei nur 15 Individuen). Im Gegensatz zum Fangort : Wiese trocken haben wir im Fangort : Erlenbruchwald eine hohe Anzahl Individuen bei geringer Artenvielfalt angetroffen. (15 Arten bei 225 Individuen) gefangen

4. Diskussion

4.1 Diskussion zum Vorkommen der gefangenen Käfer

Art	Vorkommen	Vergleich mit dem Vorkommen im Ruthertal 2004
Abax parallelepipedus	Wälder, besonders in Buchenstufen	wurde nicht im Buchenwald gefunden
Agonum afrum	Sumpfige und schlickige Ufer, feuchte Auwälder	
Agonum mülleri	Ufer, lehmige Flussauen, Felder, feuchte Waldränder, Erlenbrüche	
Agonum viduum	Sumpfige, Moore, sumpfige und schlammige Ufer, Wiesen	
Amara aenea	Sandgebiete, Dünen, sandige Ufer, Heide, Sandgruben, Ruderalflächen, trockene Felder, Wiesen und Waldränder, trockener und halbtrockener Rasen	
Amara communis	Heide, Moore, Wiesen, Flussauen, trockene Waldränder, Dünen	
Amara plebeja	Trockene Felder, Wiesen, Ruderalflächen, Flussauen, Waldränder und Lichtungen, Heide, Trockenrasen	
Anisodactylus binotatus	Sandige und sandig-lehmige Äcker, Ruderalflächen, Heide, Waldränder, Gärten	
Asaphidion flavipes	Lehmige Äcker, Lehmgruben, sandig-schlammige Ufer, Steilufer, Sandgruben	
Asaphidion curtum	Feuchte Wälder, Auwälder, Flussauen	
Bembidion articulatum	Lehmige, tonige, sandig-schlammige Ufer	
Bembidion lampros	Äcker, Gärten, Ruderalflächen, Waldränder, Heide. Trockenrasen	
Bembidion mannerheimii	Feuchte Laubwaldstellen	
Bembidion properans	Lehmig-tonige Böden, Flussauen, feuchte Waldränder	
Bembidion tetracolum	Ufern mit feinen Sedimenten und hoher Vegetation	
Carabus granulatus	Feuchte Laub-Au- und Bruchwälder, Feuchtwiesen und Flachmoore	
Carabus monilis	Flussauen, Auwälder, Wiesen, Bachtäler	
Carabus nemoralis	Lichte Wälder, Auwälder, Waldränder, Wiesen, Trockenhänge	
Cicindela campestris	Lichte trockene Wälder, sonnige, Heide, nackte Torfböden, trockne Wiesen, Trockenhänge	

Cychrus caraboides	Feuchte Laubwälder, Waldlichtungen Waldränder	
Elaphrus cupreus	Schlammige und verschilfte Ufer	
Europhilus fuligonosum	Sumpfige Wälder	
Loricera pillicornis	Feuchte Laubwälder, Auwälder, Auwälder, Hecken, Feldgehölze	
Nebria brevicollis	Humusreiche Laubwälder, feuchte Gehölze und Hecken	
Nebria salina	Sand- und Kiesgruben, trockene Waldränder	
Notiophilus biguttatus	Lichte Wälder, Waldränder, Garten, Heide	
Oodes helipioides	Sümpfe, Wiesen, Bruchwälder	
Paranchus albipes	Wälder, Wiese	wurde nicht in Wiesen und Feldern, sondern in Wassernähe gefunden
Patrobus atrorufus	Feuchte Auwälder, Bruchwälder	
Platynus assimilis	Feuchte Laubwälder, Auwälder Bruchwälder	
Poecilus versicolor	Gebirge, Wiesen	
Pterostichus cristatus	Steinige Wälder, Bachufer, Waldränder	
Pterostichus diligens	Sümpfe, Moore, Bruchwälder	
Pterostichus minor	Sümpfe, stehende Gewässer, Erlenbrüche	
Pterostichus nigrita/raethicus	Hochmoore, Ufer	
Pterostichus strenuus	Feuchte Laubwälder	
Pterostichus vernalis	Lehmige Äcker, Wiesen, Ruderalflächen, Flussauen, Waldränder	
Stomis pumicatus	Lehmiger Boden	

Die Auswertung ergab, dass alle Käfer in ihrem natürlichen Habitat gefangen wurden. Eine Ausnahme bildeten die beiden Arten: Abax parallelepipedus und Paranchus albipes.

4.2 Diskussion zum Jahresvergleich der gefangenen Käfer

Art	1991	1992	1993	1994	1995	1996	1997	1998	1999	2000	2001	2002	2003	2004
Abax parallelepipedus	12	15	5	14	12	11	4	22	10	17	8	13	9	4
Agonum afrum	-	-	-	-	-	-	28	18	10	11	-	9	12	44
Agonum fuliginosum	-	-	-	-	-	3	-	8	-	12	-	-	-	-
Agonum micans	-	-	2	-	-	-	-	-	-	-	-	-	-	-
Agonum moestus	4	-	-	1	14	-	-	-	-	-	-	-	-	-
Agonum mülleri	-	-	-	1	-	-	2	5	4	5	4	2	3	2
Agonum viduum	3	-	1	5	14	22	21	18	69	30	21	28	33	16
Amara aenea	-	-	-	-	-	-	-	-	-	-	2	-	-	2
Amara communis	-	-	1	-	-	-	-	-	-	-	3	8	3	1
Amara eurynota	-	1	-	-	-	-	-	-	-	-	-	-	3	-
Amara llunicollis	-	-	-	-	-	-	-	-	-	-	-	5	2	-
Amara plebeja	-	-	6	1	-	-	-	-	-	-	-	1	5	4
Amara similata	-	-	-	-	-	-	-	-	-	-	-	-	1	-
Amara spec.	-	-	-	-	-	12	19	7	6	9	-	-	-	-
Anisodactylus binotatus	4	5	1	1	-	-	-	-	-	-	-	-	-	1
Asaphidion curtum	-	-	-	-	-	-	-	-	-	-	9	8	7	8
Asaphidion flavipes	-	1	1	-	1	1	-	3	-	7	12	1	-	4
Badister bipustulatus	-	-	-	-	1	-	-	-	-	-	-	-	-	-
Bembidion articulatum	-	-	-	-	-	-	-	-	-	-	-	34	63	40
Bembidion biguttatum	-	-	1	1	-	-	-	-	-	-	-	-	-	-
Bembidion decorum	-	-	-	-	5	-	-	-	-	-	-	-	-	-
Bembidion lampros	-	-	-	-	-	-	-	-	-	-	-	3	4	9
Bembidion mannerheimii	-	-	-	-	-	-	-	-	-	-	-	-	-	1
Bembidion properans	-	-	-	-	-	1	1	-	-	1	2	-	-	-
Bembidion properans	-	-	-	-	-	1	1	-	-	1	2	-	-	1
Bembidion tetracolum	9	6	2	-	-	5	8	-	25	8	76	73	72	26
Bembidion tibiale	-	-	-	-	-	10	-	-	-	2	79	-	-	-
Bembidion unicolor	-	-	-	-	1	-	-	1	-	1	-	-	-	-
Calathus melanocephalus	-	-	-	-	1	-	-	-	-	-	-	-	-	-
Calahtus piceus	-	-	-	-	-	-	2	-	-	-	-	-	-	-
Calathus rotundicollis	-	-	-	-	-	1	-	-	-	1	-	-	-	-
Carabus cancellatus	-	-	-	-	-	-	-	-	-	1	-	-	-	-
Carabus granulatus	-	-	-	4	2	2	-	1	1	1	-	3	9	4
Carabus monilis	-	1	-	-	1	-	-	-	-	-	-	2	-	2
Carabus nemoralis	-	2	1	5	3	-	-	-	-	-	4	-	3	3
Carabus purpurascens	-	-	-	-	-	-	-	-	-	-	-	2	-	-
Carabus violaceus	-	1	1	1	-	-	-	-	-	-	-	-	6	-
Chlaenius nigrocorni	?1	-	-	-	-	-	-	-	-	1	-	-	-	-
Cicindela campestris	-	-	-	-	-	-	-	-	3	2	-	10	-	8
Clivina fossor	-	-	2	-	-	-	-	-	-	-	-	-	-	-
Cychrus caraboides	2	-	-	-	-	-	-	-	-	-	-	-	2	1
Dyschirius angustats	1	-	-	-	-	-	-	-	-	-	-	-	-	-
Elaphrus cupreus	-	-	2	1	2	1	18	21	36	28	33	23	5	77
Europhilus fuliginosum	-	-	-	-	-	-	-	-	-	-	6	2	9	1
Leistus ferrugineus		1	-	-	-	-	-	-	-	-	-	-	-	-
Loricera pillicornis	1	-	-	1	-	-	-	-	-	-	4	2	2	4

Nebria brevicollis	6	48	32	4	7	19	10	9	12	2	6	14	24	5
Nebria salina	-	-	-	-	-	-	-	-	-	-	-	-	1	1
Notiophilus biguttatus	1	5	3	-	1	3	2	6	18	7	3	10	9	30
Oodes helipioides	10	-	5	9	2	-	-	-	-	-	-	12	15	4
Panageus bipustulatus	-	-	-	-	-	-	-	-	-	-	-	-	1	-
Paranchus albipes	-	-	-	-	-	-	4	-	-	-	66	63	48	10
Patrobus atrorufus	3	1	1	-	-	-	-	-	-	2	-	3	5	3
Platynus assimilis	3	4	34	3	2	7	30	47	40	24	62	60	81	41
Platynus dorsalis	-	-	1	-	-	-	-	-	-	-	-	-	-	-
Platynus ruficornis	-	-	-	-	8	10	-	20	44	8	-	-		-
Poecilus versicolor	-	-	-	1	-	-	-	-	-	-	-	3	-	2
Pseudophonus rufipes	-	-	-	17	9	-	-	-	-	-	-	1	1	-
Pterostichus brunneus	-	-	-	-	-	-	7	-	-	-	-	3	-	-
Pterostichus cristatus	4	3	-	-	-	-	-	-	-	-	2	8	3	1
Pterostichus diligens	15	1	3	3	1	-	-	-	-	-	3	2	1	1
Pterostichus melanarius	-	1	-	-	-	-	-	-	-	-	-	-	34	-
Pterostichus minor	-	1	1	-	-	3	-	-	5	4	-	-	2	8
Pterostichus nigra	-	-	-	-	-	-	-	-	-	-	-	1	2	-
Pterostichus nigrita/raethicus	5	2	14	7	23	24	21	40	19	21	31	37	52	109
Pterostichus oblongpunctatus	4	5	-	-	-	2	2	-	-	1	-	-	-	1
Pterostichus strenuus	4	6	10	5	1	-	-	-	-	-	6	4	15	2
Pterostichus vernalis	8	1	4	-	-	-	2	-	-	4	-	2	2	2
Stenolophus teutonus	-	-	1	-	-	-	-	-	-	-	-	-	1	-
Stomis pumicatus	-	-	-	-	-	-	-	-	-	-	-	-	-	1
Synuchus nivalis	-	1	-	-	-	-	-	-	-	-	-	-	-	-
Trechus quadristriatus	-	1	-	-	-	-	-	-	-	-	-	-	-	-

II. Nachtfalter

1. Systematische Einordnung

Ordnung: Lepidoptera (Schmetterlinge)

Familie: Sphingidae (Schwärmer)

Bombycidae (echte Spinner)

Noctuidae (Eulenfalter)

Geometridae (Spanner)

2. Allgemeine Informationen

Die Nachtfalter sind aufgrund ihrer fliegenden Fortbewegung mobiler als die Laufkäfer. Sie sind nicht an die Bodenoberfläche gebunden und verfügen daher über eine ungleich größere Reichweite.

Die Nachtfalter und Laufkäfer sind in ihrer Aktivität abhängig vom Klima.

Die Larven sind oligophag, d.h. sie fressen meist nur die Pflanzen einer Gattung, z.T. sogar nur eine bestimmte Pflanzenart. Als Imagines nehmen einige Arten überhaupt keine Nahrung mehr auf, andere schlürfen Nektar.

Die Dauer der Flugzeit beträgt bei den meisten Arten nur zwei bis vier Wochen, bei einigen Arten fliegen 90 Prozent der Population sogar in nur einer Nacht. Meist ist der Flug und damit die Fortpflanzung eng an Witterungsbedingungen gebunden.

3. Informationen zum Fang der Nachtfalter

3.1 Fangmethode + Präparation und Bestimmung der Falter

Die Falter werden mit so genannten Lichtfallen gefangen. Diese Fallen bestehen aus einer Leuchtröhre, die bei Einbruch der Dunkelheit über ein Fotometer einschaltet wird, und aus drei Plexiglasscheiben, die in 120° Winkeln um die Lichtquelle angeordnet sind. Die Falle schließt nach unten mit einem Trichter ab, der direkt mit einem mit Alkohol gefüllten Gefäß verbunden ist. Die vom Licht angelockten Tiere fliegen gegen die Plexiglasscheiben und fallen hinab durch den Trichter in das mit Alkohol gefüllte Gefäß.

Es wurden zwei dieser Lichtfallen in dem Zeitraum vom 30.04. bis zum 18.06. jede Woche an zwei verschiedenen Standorten (R_O und R_U) jeweils an dem Abend vor dem Fang aufgehängt und am nächsten Tag geleert. Um die Falter bestimmen zu können wird zunächst zur Fixierung jeweils eine Nadel durch den Thorax gestochen. Anschließend werden die Flügel der noch feuchten Falter mit Hilfe von Spannbrettern aufgespannt und mit weiteren Nadeln fixiert. Die Falter trocknen innerhalb einer Woche und können mit Hilfe des Bestimmungsbuches (M. Koch: Schmetterlinge, 1984) bestimmt werden.

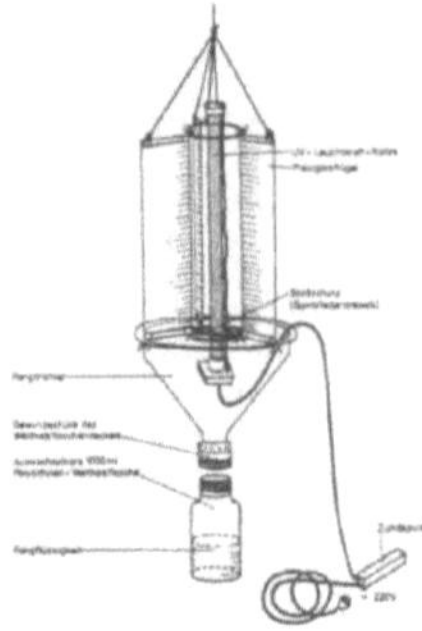

3.2 Beschreibung der Fangstellen

Die Fangstelle R_U (Ruthertal unten) zeichnet sich durch besondere Feuchte aus, sie liegt in Bachnähe. Die Lichtfalle wurde an einem umgestürzten Baum aufgehängt. Der Bach bestimmt in diesem Gebiet die Vegetation, die hauptsächlich durch hohe Bäume und Pflanzen, die den Boden bedecken, gekennzeichnet ist. Des Weiteren sind Brennnesseln und Sträucher neben totem und moosigem Gehölz zu finden.

Die Fangstelle R_O (Ruthertal oben) liegt ebenfalls in Bachnähe. Die Lichtfalle wurde direkt an einem Hainbuchenast aufgehängt und hing an diesem Standort eher in einer geschlossenen Struktur. Brombeersträuche, Brennnesseln und junge Bäume bestimmen die Vegetation. Hohe Bäume lassen sich am Hang des Baches finden, nur wenige krautige Pflanzen sind am Boden vorhanden.

3.3 Erläuterungen zu den gefangenen Faltern

Art	Vorkommen	Familie/ Unterfamilie	Vorkommen/Futter der Raupe	Puppe
Archips podana	Gemüse- und Obstgärten	Kleinschmetterling	Blätter, Knospe, Früchte des Apfelbaums	
Bapta temerata	Buschige Laubwaldränder, Vorhölzer, buschige Heiden, Heckengebiete, Auen, Ufergebiete, Gebirgstäler, Gärten, Parks	Spanner	Kirsche, Schlehe, Pflaume, Rotbuche, Eiche, Weide, Feldahorn, Rose, Weißdorn	Puppe überwintert
Boarmia maculata bistortata	Wälder aller Art, Moore, Gärten und Parks	Spanner	Laubbäume und Sträucher, niedrige Pflanzen, gemeine Fichte und Waldkiefer	Puppe überwintert
Boarmia roboraria f. infuscata	Laubwälder, Vorhölzer, Haine, Auenwälder, Gärten, Parklandschaft	Spanner	Eiche, Ulme, Rotbuche, Birke, Apfelbaum	Raupe überwintert
Bryophila palliola	Baumstämme, Felsgebiete	Flechteneule	Felsen- und Wurzelflächen, Algen	Raupe überwintert
Campaea margaritata	Buchenwälder, Laubwälder, Mischwälder, Vorhölzer, Haine, Gärten, Parklandschaft	Spanner	Eiche, Birke, Saalweide, Hainbuche, Rotbuche;	Puppe überwintert
Carbera exanthemata	Wälder, Feuchtgebiete, Waldränder, Vorhölzer, Heiden, Wiesenränder, Moore, Gärten, Parks	Eulenspinner	Brombeere, Himbeere	Puppe überwintert
Cerastis leucographa	Lichtungen, Schläge, Mischwaldränder, Heidegebiete, buschige Täler	Erdeule	Gräser, niedrige Pflanzen, Heidelbeere, Hasel	Puppe überwintert

Cidaria capitata	Feuchte Waldstellen, Bruch- und Moorwälder, Auen, moorige Schluchten, Bachränder	Spanner	Echtes Springkraut	Puppe überwintert
Clorissa virideta	Moorgebiete, Lichtungen, verheidete Waldwiesen	Spanner	Heidekraut, Erle, Hasel, Weide, Brombeere	Puppe überwintert
Comibaena pustulata	Eichenwälder, Mischwälder, Vorhölzer, Parks, Randzonen	Spanner	Eiche	Raupe überwintert
Crino satura	Nadelwälder, Mischwälder, Vorhölzer, Lichtungen, Moore, Heiden, Auen, Parks	Eulenfalter	Heidelbeere, Heidekraut, Tollkirsche, Akelei, Labkraut, Löwenzahl	Ei überwintert
Cyclophora linearia	Buchen-, Eichen- und Mischwälder, Heidegebiete, Gärten und Parks	Spanner	Rotbuche, Eiche, Birke, Heidelbeere,	Puppe Überwintert
Dasychira pudibunda	Buchen- und Laubmischwälder, Parklandschaften,	Schadspinner	Rotbuche, Birke, Hainbuche, Eiche, vorwiegend im trockenen Laub;	Puppe überwintert
Eurrhypara hortulata	Hecken, Ödland	Brennesselzünsler	Brennessel, Lippenblütler	Überwinterung in Kokon, in der Laubstreu oder im Pflanzenstängel
Hylophala plasinana (Kleiner Kahnspinner/ Jägerhütchen)	Buchenwälder, Laubwälder, Mischwälder, Vorhölzer, Auenwälder, Gärten, Parks	Kahnspinnereulen	Rotbuchen, Eiche, Hainbuche, Birke, Esche, Hasel	Puppe überwintert
Hypaena proboctidalis (Nessel-schnabel-eule)	Waldränder, Lichtungen, Bruch- und Auenwälder, Ufergebiete, Moorränder, Wiesentäler, um Ortschaften, Gärten und Parklandschaften	Eulenfalter	Brennnessel, Waldzieest, Hopfen, Giersch	Raupe überwintert

Larentia davaria	Sonnige Hänge, Waldränder, auf Brachland	Spanner	Malvaceaen, Traubenkirsche	Ei überwintert
Phalera bucephala (Mondvogel)	Fluss- und Bachränder, Auwälder, Lichtungen, Auwälder, Vorhölzer, Heiden, Parklandschaft	Zahnspinner	Weide, Pappel, Eiche, Linde, Birke, Erle u. A.	Puppe überwintert
Rhyacia brunnea	Laubwälder, Mischwälder, Heidegebiete, Moore, Lichtungen, Ufer, feuchte Wiesen, Parklandschaften	Erdeulen	Niedrige Pflanzen, Gräser, Brombeeren, Himbeeren, Heidebeeren	Raupe überwintert
Rhyacia rubi	Bruchwälder, schilfige Ufer, von Gewässern, Moore, Auen, Heidegebiete, sandige Kiefernwälder, Parklandschaften	Erdeulen	Niedrige Pflanzen und Gräser	Raupe überwintert
Spilarctia lutea (gelbe Tigermotte)	Überall in warmen Trockengebieten	Bären	Niedrige Pflanzen	Puppe überwintert
Spirosoma menthastri (weiße Tigermotte)	Überall	Bären	Niedrige Pflanzen,	Puppe überwintert
Sterrha biselata	Buschige Laubwälder, Auenwälder, Waldränder, Gärten und Parklandschaften	Spanner	Trockene Laubholzblätter, niedrige Pflanzen, Klee, Löwenzahn, Gras	Raupe überwintert
Thyatira batis	Wälder, Waldränder, Schonungen, Hänge, Gärten Parks	Eulenspinner	Himbeere, Brombeere	Puppe überwintert in der Erde
Zanclognatha nemoralis	Waldränder, Lichtungen, Auenwälder, buschige Hänge, Ufergebiete, Gärten und Parks	Eulenfalter	Schlehe, Eiche Birke, Hainbuche, Himbeere, Brennnessel, Weißdorn, Schneeball, Ziest	Puppe überwintert

3.3 Fangergebnisse der Nachtfalter

Arten / Datum / Fangort	30. Apr		07. Mai		14. Mai		21. Mai		28. Mai		04. Jun		11. Jun		18. Jun		Summe
	R_O	R_U	R_O	R_U	R_O	R_U	R_O	R_U	R_O	R_U	R_O	R_U	R_O	R_U	R_O	R_U	
Archips podana															1		1
Bapta temerata															2		2
Boarmia bistortata															1		1
Boarmia roboraria f. infuscata														1	3		4
Bryophila palliola															1		1
Campaea margaritata														21	8		29
Carbera exanthemata															1		1
Cerastis leucographa															1		1
Cidaria capitata															1		1
Clorissa virideta															1		1
Comibaena pustulata															1		1
Crino satura															1		1
Cyclophora linearia															7		7
Dasychira pudibunda				2				1	4								7
Eurrhypara hortulata															5		5
Hylophala plasinana															1		1
Hypaena proboctidalis														1	1		2
Larentia davaria															1		1
Phalera bucephala														7	7		14
Rhyacia brunnea														3	12		15
Rhyacia rubi														5	8		13
Spilarctia lutea														3	7		10
Spirosoma menthastri														1	2		3
Sterrha biselata															3		3
Thyatira batis															2		2
Zanclognatha nemoralis															1		1
Individuem				2				1	4					42	74		128
Arten				1				1	1					8	25		26

Insgesamt wurden 128 Individuen aus 26 Arten gefangen. Zu den am häufigsten gefangenen Arten wurde die Arten gezählt, deren gefangene Individuenanzahl mindesten 5% des gesamten Fanges ausmachten. Die häufigsten Arten waren:

Campaea margaritata	29 Individuen	37,12%
Cyclophora linearia	7 Individuen	9,03%
Dasychira pudibunda	8 Individuen	10,32%
Phalera bucephala	14 Individuen	18,06%
Rhyacia brunnea	15 Individuen	19,35%
Rhyacia rubi	13 Individuen	16,77%
Spilarctia lutea	10 Individuen	12,9%

Bei 12 der 29 gefangenen Arten wurde lediglich nur ein Individuum gefangen.

An der ersten sechs von insgesamt acht Fangtagen wurden insgesamt nur 7 Falter gefangen, die zusätzlich der selben Art entsprachen. An den letzten beiden Fantagen (11.06. und 18.06.) wurden dementsprechend die restlichen 121 Falter gefangen, wobei am 18.06. an der Fangstelle R_O 25 der 26 Arten gefangen wurden.

4. Diskussion

4.1 Ergebnisdiskussion der gefangenen Nachtfalter

Der Vergleich der beiden Fangstellen ist in diesem Jahr schwierig. Aufgrund eines defekten Akkus ist immer nur eine Lampe in Betrieb gewesen.
Durch die niedrigen Temperaturen und die schlechten Witterungsbedingungen in diesem Jahr wurden am 30.04., 14.05. und am 04.06. keine Falter und am 07.05., 21.05., 28.05. insgesamt nur sieben Falter gefangen.
Erst in der trockenen und wärmeren Nacht vom 10.06. auf den 11.06. konnte eine größere Zahl von Faltern gefangen werden, wegen des defekten Akkus aber nur an der Fangstelle R_U.
In der trockenen Nacht auf den 18.06. wurde ebenfalls eine große Mengen Nachtfalter gefangen, aus gleichen Gründen an diesem Tag nur an der Fangstelle R_O

Es ist auffällig, dass die Falterart *Dasychira pudibunda* nicht in den beiden Nächten (11.06. und 18.06.), an denen die meiste Falter gefangen wurden, vorzufinden war, sondern als einzige Art in den schlechten, feuchten Fangnächten. Mögliche Erklärungen hierfür wären, dass diese Falterart eventuell diese fechten und kälteren Nächte bevorzugt oder im Juni seltener oder nicht mehr vorkommt. Der Falter wurde nämlich in dieser Fangreihe zuletzt am 28.05. gefangen.

Eine weitere Auffälligkeit der Fangergebnisse liegt darin, dass alle 8 Arten die am 11.06. an der Fangstelle R_U gefangen wurden ebenfalls am 18.6. bei R_O mit 17 weiteren Arten vorkamen.
Dieses Ergebnis könnte für die Falter, die in beiden Biotopen gefangen wurde, bedeuten, dass sie, bezüglich des Biotops, anpassungsfähiger sind als die übrigen gefangen Falter. Ebenso könnte es von einem späteren Vorkommen der zusätzlichen Falterarten vom 18.06. abhängen. Eine dritte Erklärungsversuch lässt sich in der gegebenen Witterung der beiden Tage sehen. An dem Abend des 10.06. war es länger feucht, als am 17.06., wodurch es wahrscheinlich in der Nacht vom 10.06. auf den 11. feuchter und vielleicht auch kühler als vom 17.06. auf den 18. war. Eine Erklärung könnte demnach auch darin liegen, dass die Falter die sowohl am 11. als auch am 18. gefangen wurden wetterresistenter sind.

Mit einem späteren Vorkommen verschiedener Arten kann auch der Fang von den 12 Faltearten, mit je einem Individuum erklärt werden.

4.2 Diskussion zum Jahresvergleich der gefangenen Nachtfalter

Arten	2002	2003	2004
Archips podana	-	4	1
Autographa gamma	-	1	-
Bapta temerata	-	-	2
Bistan betularia	1	-	-
Boarmia bistortata	-	-	1
Boarmia roboraria f. infuscata	-	1	4
Bryophila palliola	-	-	1
Cabera pasoia	8	-	-
Cabera pusaria	-	2	-
Campaea margaritata	-	10	29
Carbera exanthemata	?18	-	1
Cerastis leucographa	-	-	1
Cidaria capitata	-	-	1
Clorissa virideta	-	-	1
Colocasia coryli	-	2	-
Comibaena pustulata	-	1	1
Crino satura	-	-	1
Cyclophora linearia	-	-	7
Dasychira pudibunda	?5	41	8
Drepana cultraria	-	3	-
Drepana falcataria	-	2	-
Epiblema uddmanniana	-	1	-
Epione repandaria	-	1	-
Eppirhoe alternata	-	1	
Eurrhypara hortulata	-	2	5
Hedya dimidioalba	-	1	-
Hepialus lupulina	-	1	-
Hylophala plasinana	-	-	1
Hypaena proboctidalis	-	1	2
Larentia davaria	-	-	1
Lophoteryx camelia	16	10	-
Noctua pronuba	-	2	-
Ourapteryx sambucaria	1	-	-
Phalera bucephala	-	3	14
Philerime vetlata	2	-	-
Pterostoma palpinum	-	1	-
Rhyacia brunnea	-	10	15
Rhyacia festiva	-	5	-
Rhyacia rubi	-	5	13
Scoliopteryx libatrix	-	1	-
Semiothisa alternaria	-	4	-
Spilarctia lutea	?2	?7	10
Spirosoma menthastri	?2	?4	3
Stauropus fagi	1	-	-
Sterrha biselata	-	-	3
Thyatira batis	-	-	2
Tortrix viridana	-	2	-
Xanthorhoe designata	-	1	-
Xanthorhoe fluctuata	-	1	-
Yponomeuta spec.	-	1	-
Zanclognatha nemoralis	-	-	1

Literatur

Chinery, Michael: Pareys Buch der Insekten. Berlin u.a.: Parey , 2002

Kallenbach, Thomas / Küppers, Peter Victor: Kleinschmetterlinge beobachten – bestimmen. Melsungen: Neumann-Neudamm, 1987

Koch, Klaus: Die Käfer Mitteleuropas (Band 1). Krefeld: Goecke & Evers Verlag, 1989

Koch, Manfred: Wir bestimmen Schmetterlinge. 2. einbändige Auflage. Leipzig: Neumann Verlag, 1984